U0158692

中国地质灾害科普丛书
丛书主编：范立民
丛书副主编：贺卫中 陶虹

崩塌

BENGTA

陕西省地质环境监测总站 编著

图书在版编目(CIP)数据

崩塌/陕西省地质环境监测总站编著.—武汉：中国地质大学出版社，2019.12（2022.11重印）

（中国地质灾害科普丛书）

ISBN 978-7-5625-4714-3

Ⅰ.①崩…

Ⅱ.①陕…

Ⅲ.①地质灾害-灾害防治-普及读物

Ⅳ.①P694-49

中国版本图书馆 CIP 数据核字(2019)第 285422 号

崩塌 陕西省地质环境监测总站 **编著**

责任编辑:段勇 选题策划:唐然坤 毕克成 责任校对:张咏梅

出版发行:中国地质大学出版社(武汉市洪山区鲁磨路 388 号) 邮编:430074

电话:(027)67883511 传真:(027)67883580 E-mail:cbb@cug.edu.cn

经销:全国新华书店 http://cugp.cug.edu.cn

开本:880 毫米×1 230 毫米 1/32 字数:71 千字 印张:2.75

版次:2019 年 12 月第 1 版 印次:2022 年 11 月第 2 次印刷

印刷:武汉中远印务有限公司

ISBN 978-7-5625-4714-3 定价:16.00 元

《中国地质灾害科普丛书》

编 委 会

我国幅员辽阔,地形地貌复杂,特殊的地形地貌决定了我国存在大量的滑坡、崩塌等地质灾害隐患点,加之人类工程建设诱发形成的地质灾害隐患点,老百姓的生命安全时时刻刻都在受着威胁。另外,地质灾害避灾知识的欠缺在一定程度上加大了地质灾害伤亡人数。因此,普及地质灾害知识是防灾减灾的重要任务。这套丛书就是为提高群众的地质灾害防灾减灾知识水平而编写的。

我曾在陕西省地质调查院担任过5年院长,承担过陕西省地质灾害调查、监测预报预警与应急处置等工作,参与了多次突发地质灾害应急调查,深知受地质灾害威胁地区老百姓的生命之脆弱。每年汛期,我都和地质调查院的同事们一起按照省里的要求精心部署,周密安排,严防死守,生怕地质灾害发生,对老百姓的生命安全构成威胁。尽管如此,每年仍然有地质灾害伤亡事件发生。

我国有29万余处地质灾害点,威胁着1 800万人的生命安全。“人民对美好生活的向往就是我们的奋斗目标”,党的十八大闭幕后,习近平总书记会见中外记者的这句话深深地印刻在我的脑海中。党的十九大报告提出“加强地质灾害防治”。因此,防灾减灾除了要查清地质灾害的分布和发育规律、建立地质灾害监测预警体系外,还要最大限度地普及地质灾害知识,让受地质灾害威胁的老百姓能够辨识地质灾害,规避地质灾害,在地质灾害发生时能够瞬间做出正确抉择,避免受到伤害。

为此，我国作了大量科普宣传，不断提高民众地质灾害防灾减灾意识，取得了显著成效。2010 年全国因地质灾害死亡或失踪为 2 915 人，经过几年的科普宣传，这一数字已下降，2017 年下降到 352 人，但地质灾害死亡事件并没有也不可能彻底杜绝。陕西省地质环境监测总站组织编写了这套丛书，旨在让山区受地质灾害威胁的群众认识自然、保护自然、规避灾害、挽救生命，同时给大家一个了解地质灾害的窗口。我相信通过大力推广、普及，人民群众的防灾减灾意识会不断增强，因地质灾害造成的人员伤亡会进一步减少，人民的美好生活向往一定能够实现。

希望这套丛书的出版，有益于普及科学文化知识，有益于防灾减灾，有益于保护生命。

王双明

中国工程院院士

陕西省地质调查院教授

2019 年 2 月 10 日

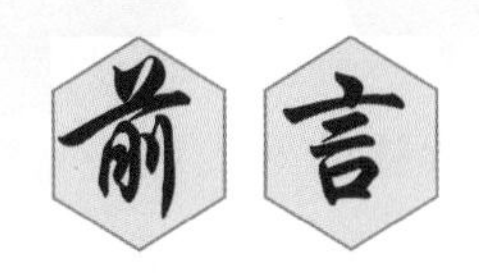

前言

2015年8月12日0时30分,陕西省山阳县中村镇烟家沟发生一起特大型滑坡灾害,168万立方米的山体几分钟内在烟家沟内堆积起最大厚度50多米的碎石体,附近的65名居民瞬间被埋,或死亡或失踪。在参加救援的14天时间里,一位顺利逃生的钳工张业宏无意中的一句话触动了我的心灵:“山体塌了,怎么能往山下跑呢?”张业宏用手比划了一下逃生路线,他拉住妻子的手向山侧跑,躲过一劫……

从这以后,我一直在思考,如果没有地质灾害逃生常识,张业宏和他的妻子也许已经丧生。我们计划编写一套包含滑坡、崩塌、泥石流等多种地质灾害的宣传册,从娃娃抓起,主要面对山区等地质灾害易发区的中小学生和普通民众,让他们知道地质灾害来了如何逃生、如何自救,就像张业宏一样,在地质灾害发生的瞬间,准确判断,果断决策,顺利逃生。

2017年初夏,中国地质大学出版社毕克成社长一行来陕调研,座谈中我们的这一想法与他们产生了共鸣。他们策划了《中国地质灾害科普丛书》(6册),申报了国家出版基金,并于2018年2月顺利得到资助。通过双方一年多的努力,我们顺利完成了这套丛书的编写,编写过程中,充分利用了陕西省地质环境监测总站多年地质灾害防治成果资料,只要广大群众看得懂、听得进我们的讲述,就达到了预期目的。

《中国地质灾害科普丛书》共6册，分别是《崩塌》《滑坡》《泥石流》《地裂缝》《地面沉降》和《地面塌陷》，围绕各类地质灾害的基本简介、引发因素、识别防范、临灾避险、分布情况、典型案例等方面进行了通俗易懂的阐述，旨在以大众读物的形式普及“什么是地质灾害”“地质灾害有哪些危害”“为什么会发生地质灾害”“怎样预防地质灾害”“发现(生)地质灾害怎么办”等知识。

在丛书出版之际，我们衷心感谢国家出版基金管理委员会的资助，衷心感谢全国地质灾害防治战线的同事们，衷心感谢这套丛书的科学顾问王双明院士、武强院士、汤中立院士的鼓励和指导，感谢陕西省自然资源厅、陕西省地质调查院的支持，感谢中国地质大学出版社的编辑们和我们的作者团队，期待这套丛书在地质灾害防灾减灾中发挥作用、保护生命！

范立民

矿山地质灾害成灾机理与防控重点实验室副主任

陕西省地质环境监测总站 教授级高级工程师

2019年2月12日

CONTENTS

崩塌基本概念

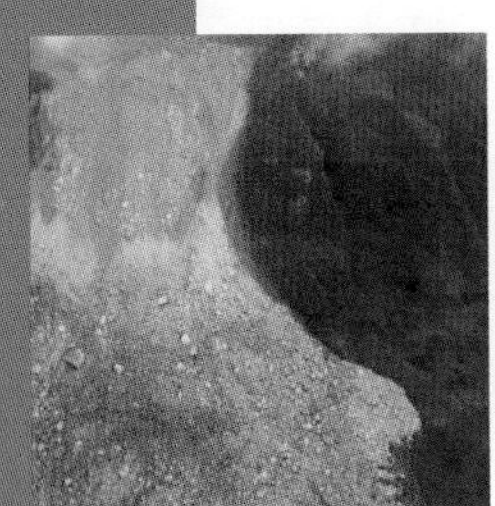

1.1 崩塌的定义

2007年7月28日23时，四川省北川羌族自治县白什乡后山发生大规模崩塌，大约有40万立方米山体崩塌，造成山谷中白水河淤塞，3个自然村1 700多名村民外出困难。

崩塌是我国发生频率高、造成危害大的众多地质灾害之一，在2008年“5·12”汶川特大地震后，我们也经常在电视、广播中听到“受地震影响，××地区发生崩塌，造成人员伤亡和财产损失”。那么，到底什么是崩塌呢？

▼ 四川省北川羌族自治县发生崩塌灾害

崩塌也称为崩落、垮塌或塌方，是指陡坡上的岩体或土体在重力作用下突然脱离山体发生崩落、滚动，堆积在坡脚或沟谷的地质现象。

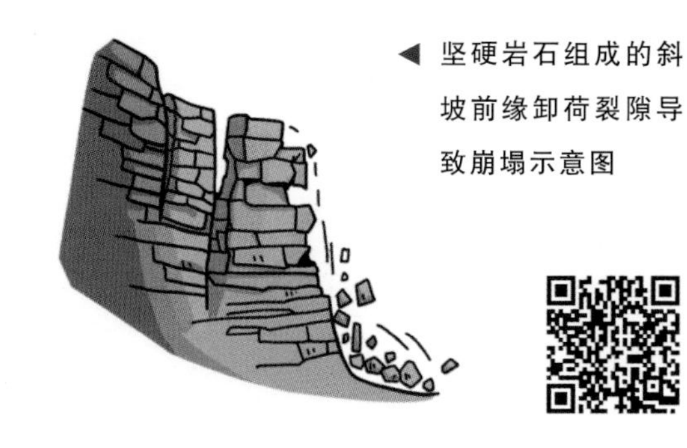

◀ 坚硬岩石组成的斜坡前缘卸荷裂隙导致崩塌示意图

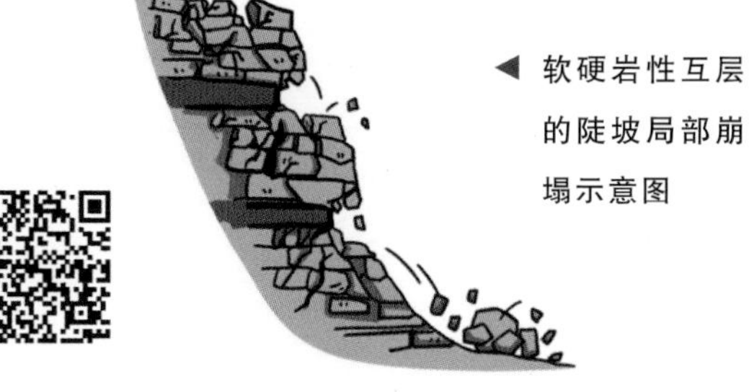

◀ 软硬岩性互层的陡坡局部崩塌示意图

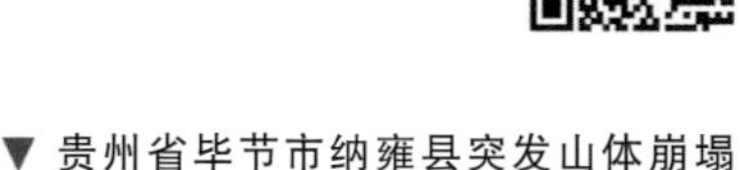

▼ 贵州省毕节市纳雍县突发山体崩塌

1.2 崩塌的特点

在了解了崩塌的概念之后，我们不禁要问，崩塌有哪些特点呢？

特点一：崩塌速度快、发生猛烈。崩塌发生时，速度最快可达200米/秒。

特点二：崩塌体运动不沿固定的面或带发生，导致崩塌具有一定的随机性。

特点三：崩塌体在运动后，其原有整体性遭到完全破坏。

特点四：崩塌的垂直位移大于水平位移。

1.3 崩塌的分类

崩塌的种类有很多，根据不同的分类方式可以将崩塌分为不同的类型。常见的分类方式有以下 3 种。

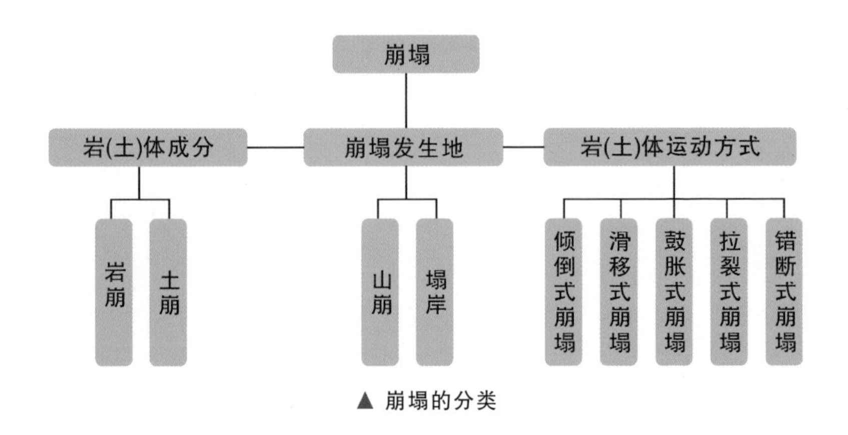

▲ 崩塌的分类

1.3.1 根据岩（土）体成分划分

根据岩（土）体的成分，可将崩塌划分为岩崩和土崩。产生在岩体中的崩塌称为岩崩，产生在土体中的崩塌称为土崩。

▲岩崩

▲ 土崩

1.3.2 根据崩塌发生地划分

根据崩塌发生地来划分时，可将崩塌划分为山崩和塌岸。当岩崩的规模巨大，涉及山体时又称为山崩；当崩塌产生在河流、湖泊或海岸时，又称为塌岸。

▲ 山崩

▲ 塌岸

1.3.3 根据岩（土）体的运动方式划分

根据岩（土）体的运动方式进行分类，又可以将崩塌分为倾倒式崩塌、滑移式崩塌、鼓胀式崩塌、拉裂式崩塌及错断式崩塌。

1. 倾倒式崩塌

形成机理：在河流峡谷区、黄土及陡立岩质边坡段，因垂直节理与稳定岩（土）体分开，呈长柱形崩塌体，在重力作用下引起崩塌。

主要特点：岩性为黄土、玄武岩、灰岩等；结构面多为垂直裂面（如柱状节理、直立层面等）；地貌多为峡谷、陡坡等；崩塌体形状多为板状、长柱状；受力状态为倾覆力矩；起动形式为倾倒式；失稳因素为水压力、地震、重力。

▲ 倾倒式崩塌示意图

▼ 倾倒式崩塌

▲ 黄土柱状节理

2. 滑移式崩塌

形成机理：在陡坡上，不稳定岩（土）体有向坡下倾斜的结构面或软弱面，因降雨、地震等触发，在重力作用下先滑后崩。

主要特点：岩性多存在软弱夹层；结构面为有倾坡外结构面（平面、楔形或圆弧形）；地貌为陡坡，常大于45°；崩塌体可能组合成各种形状（如板状、楔状等）；滑移面的受力状态主要为受剪切力作用；起动形式为滑移；失稳因素为水压力、重力。

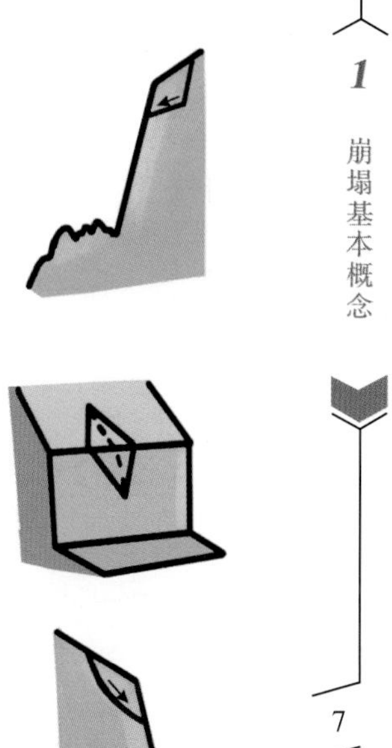

滑移式崩塌示意图 ▶

▼ 滑移式崩塌

3. 鼓胀式崩塌

形成机理：岩（土）体一般为上硬下软的坡体结构，坚硬岩体后缘已形成贯通性拉裂缝，在上部硬岩重力作用下，当其压应力大于软岩抗压强度时，软岩将被挤出而发生向外鼓胀，随着鼓胀地不断发展，不稳定岩体不断下沉和外移，最终形成崩塌。由此我们可以发现下部软岩能否向外鼓胀，是此类崩塌能否产生的关键。

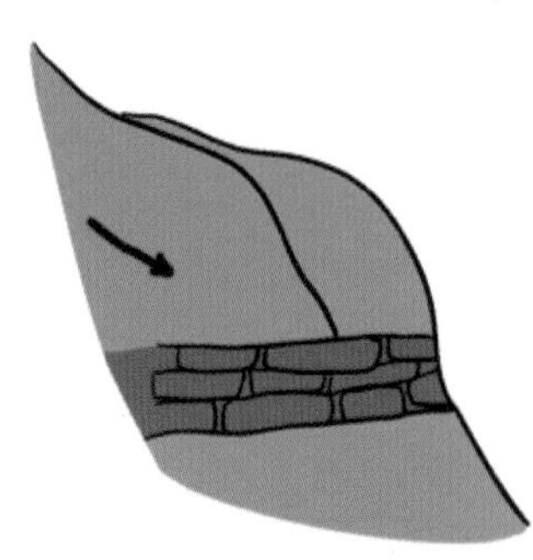

▲ 鼓胀式崩塌示意图

主要特点：岩性多为陡立黄土、黏土以及坚硬岩石下伏软岩；上部结构面为垂直裂隙，下部为近水平结构面；地貌多为陡坡；崩塌体多为高大岩体；鼓胀式崩塌的受力状态主要是下部软岩受垂直挤压；起动形式主要为鼓胀，伴有下沉和滑移。失稳因素主要为重力、水的软化。

▼ 鼓胀式崩塌

4. 拉裂式崩塌

形成机理：拉裂式崩塌为上硬下软的坡体结构，因风化或河流冲刷，下部软岩形成凹槽，上部硬岩则以悬臂梁形式突出。在突出岩体上，A 点附近承受最大拉应力，且 AB 面剪力弯矩最大，当拉应力大于岩石抗拉强度时，拉裂缝会迅速发展直至崩塌发生。

主要特点：岩性多为软硬相间岩层；结构面多为风化裂隙和重力拉张裂隙；地貌多为上部突出的悬崖；崩塌体形状主要为上部硬岩以悬梁臂形式突出；受力状态为拉张；起动形式主要为拉裂；失稳因素主要为重力因素。

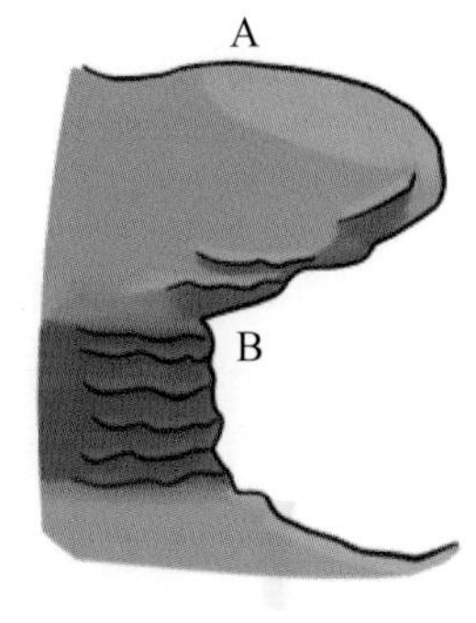

▲ 拉裂式崩塌示意图

▼ 拉裂式崩塌

5. 错断式崩塌

形成机理：错断式崩塌发生在陡倾边坡岩体处，其下部为断裂部分（锁固端）在上覆长柱状岩体重力作用下，发生剪切错断，也就是当剪切力大于岩石的抗剪强度时，崩塌随即发生。

主要特点：岩性多为坚硬岩层、黄土；结构面多为垂直裂隙发育，通常为无倾向临空面的结构面；地貌多为大于45°的陡坡；崩塌体形状多为长柱状或板状的不稳定岩体；受力状态多为自重引起的剪切力；起动形式多为下错、坠落；失稳因素主要为重力因素。

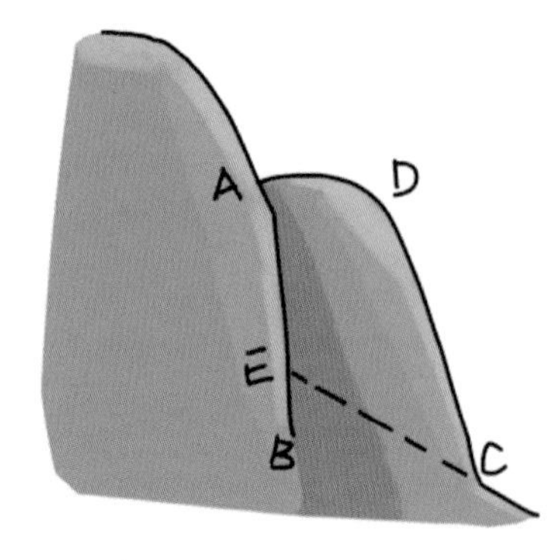

▲ 错断式崩塌示意图

▼ 错断式崩塌

1.4 崩塌地质灾害规模等级划分

崩塌的规模根据崩塌体积大小进行划分，崩塌体积超过 100 万立方米时为巨型崩塌，在 10 万～100 万立方米之间时为大型崩塌，在 1 万～10 万立方米之间时为中型崩塌，小于 1 万立方米时为小型崩塌。

崩塌地质灾害规模等级划分表

崩塌体积（万立方米）	≥100	10～<100	1～<10	<1
级别	巨型	大型	中型	小型

1.5 崩塌、滑坡、泥石流的关系

崩塌、滑坡与泥石流的关系十分密切，已发生崩塌、滑坡的区域也较容易发生泥石流，只不过泥石流的暴发多了一项必不可少的水源条件。再者，崩塌和滑坡的物质经常是泥石流的重要固体物质来源。崩塌、滑坡还常常在运动过程中直接转化为泥石流，或者崩塌、滑坡发生一段时间后，其堆积物在一定的水源条件下形成泥石流，即泥石流是崩塌和滑坡的次生灾害。泥石流与崩塌、滑坡有着许多相同的促发因素。

崩塌、滑坡与泥石流比较容易区分，但崩塌与滑坡之间比较容易混淆。这是因为崩塌与滑坡的发育环境比较相近，而且崩塌与滑坡也经常相互伴生或交错发生。那么崩塌与滑坡又有哪些区别呢？

区别一：崩塌发生之后，崩塌物常堆积在山坡脚，呈锥形体，结构零乱，毫无层序，而滑坡堆积物常具有一定的外部形状，滑坡体的整体性较好，反映出层序和结构特征。也就是说，在滑坡堆积物中，岩（土）体的上下层位和新老关系没有发生大的变化，仍然是有规律的分布。

区别二：崩塌体完全脱离母体（山体），而滑坡体则很少是完全脱离母体的，多是部分滑体残留在滑床之上。

区别三：崩塌发生之后，崩塌物的垂直位移量远大于水平位移量，且崩塌速度快，而多数滑坡体的重心位置降低不多，滑动距离却很大，

▼ 陕西省白河县茅坪镇茅南小区发生山体崩塌灾害

并且滑坡下滑速度一般比崩塌缓慢。

区别四：崩塌堆积物表面基本上不见裂缝分布，而滑坡体表面，尤其是新发生的滑坡，其表面有很多具有一定规律性的纵横裂缝。比如分布在滑坡体上部（也就是后部）的弧形拉张裂缝；分布在滑坡体中部两侧的剪切裂缝（呈羽毛状）；分布在滑坡体前部的鼓胀裂缝，其方向垂直于滑坡方向，即受压力的方向；分布在滑坡体中前部，尤其是滑坡舌部的扇形张裂缝，或者称为滑坡前缘的放射状裂缝。

▼ 陕西省山阳县中村镇发生特大型山体滑坡灾害

区分点	崩　塌	滑　坡
堆积物外部形状、结构	堆积物常堆积在山坡脚，呈锥形体，结构零乱，毫无层序	堆积物常具有一定的外部形状，整体性较好
灾害体状态	完全脱离母体（山体）	大部分滑体残留在滑床之上，很少是完全脱离母体的
灾害体位移	崩塌物的垂直位移量远大于水平位移量	多数滑坡体的重心位置降低不多，滑动距离却很大
灾害体速度	非常快	除高速远程滑坡外，一般比崩塌缓慢
堆积物表面裂缝分布	堆积物表面基本上不见裂缝分布	滑坡体表面，尤其是新发生的滑坡，其表面有很多具有一定规律性的纵横裂缝

2 崩塌成因机制

在了解了崩塌的概念、特点和分类之后，我们一定会想，崩塌到底是怎样形成的呢？又有哪些因素会诱发崩塌的发生呢？

崩塌灾害的形成是多种因素共同作用的结果，促使崩塌发生的因素有内在条件和外在条件。

2.1 崩塌内在条件

岩土类型、地质构造、地形地貌通称为地质条件，它们是崩塌形成的内在条件。

1. 岩土类型

岩土是产生崩塌的物质条件，通常坚硬的岩石和结构密实的黄土容易形成规模较大的岩崩，软弱的岩石及松散土层往往以坠落和剥落为主。

2. 地质构造

坡体中的裂隙越发育越容易产生崩塌，与坡体延伸方向近乎平行的陡倾角构造面，最有利于崩塌的形成。

▲ 崩塌发育岩土类型

▲ 重庆市巫山县横石溪崩塌构造图

3. 地形地貌

坡度大于45°的高陡边坡、孤立山嘴或凹形陡坡均为崩塌形成的有利地形，如江、河、湖（岸）、沟的岸坡，山坡、铁路、公路边坡，工程建筑物的边坡等。

▲ 易发生崩塌的地形地貌（左：岸坡，右：孤立山嘴）

2.2 崩塌外在条件

除内在条件外，地震，强降雨、融雪，河流冲刷、浸泡以及不合理的人类活动等外部因素也会引发崩塌的产生。

1. 地震

地震一般会导致土石松动，破坏边坡的稳定，因而在强烈的地震或余震过程中易引起大规模的崩塌。

▲ 地震引起崩塌

2. 强降雨、融雪

强降雨、融雪特别是暴雨和长时间的连续降雨，使地表水渗入坡体，水沿裂隙渗入岩层，降低了岩石裂隙的黏聚力和内摩擦角，软化岩土及其中的软弱面，增加了岩体的重量，促进崩塌发生。

▲ 强降雨、融雪引发崩塌

3. 地表水的冲刷、浸泡

河水、湖水、海水、库水长期浸泡和冲刷、掏蚀坡脚，使坡体基础支撑能力下降，导致边坡失稳，发生崩塌。

▲ 河流冲刷、浸泡引发崩塌

4. 不合理的人类活动

开挖坡脚、地下采矿形成的采空区、水库蓄水等人类工程活动，改变了坡体的原始平衡状态，可导致崩塌的发生。

采矿、爆破：由于在边坡、山体或陡崖下部采掘矿产资源，形成采空区，引起坡体变形、山体开裂而导致崩塌；露天采矿过程中，边坡失去稳定性形成崩塌。再者，采矿、筑路爆破松动了岩体，使斜坡失稳引发崩塌。

▲ 采矿、爆破引发崩塌

堆（弃）渣填土：加载、不适当的堆渣、弃渣、填土，如果处于可能发生崩塌的地段，等于给可能发生崩塌的坡体增加了荷载，从而破坏坡体稳定，继而诱发坡体崩塌。

▲ 堆（弃）渣填土引发崩塌

开挖坡脚：在铁路、公路建设过程中，或者在兴建窑洞、房屋、厂房等建筑时，人为开挖坡脚使坡脚变陡、失稳而引发崩塌。

▲ 开挖坡脚引发崩塌

水库蓄水、渠道渗漏：主要由于水的浸润和软化作用，以及水在岩（土）体中的静水压力、动水压力可能导致崩塌发生。

▲ 水库蓄水、渠道渗漏

强烈的机械振动：火车、机动车行进中的振动，工厂锻轧机械振动，都可能引起崩塌的发生。

▲ 强烈的机械振动引发崩塌

3 崩塌灾害分布及典型案例

3.1 世界崩塌灾害案例

崩塌地质灾害在世界范围内也发生过很多次，造成了无数的人员伤亡和财产损失。其中秘鲁发生的多次崩塌造成了数万人丧生，日本近年内也发生过损失惨重的崩塌事件。

3.1.1 秘鲁崩塌灾害

1970 年秘鲁瓦斯卡拉山区因地震引发的一起山崩，造成 18 000 人死亡的惨剧。1970 年 5 月，秘鲁永盖地震引发碎屑崩塌，造成 25 000 人死亡。1971 年 3 月，秘鲁奥德斯由于岩石崩塌而形成的灾难性涌浪沿着亚纳修湖岸冲击了丘加矿区的房屋，在数秒钟之内水浪吞没了矿区（矿区内有 400～600 人），并且摧毁了除少数地面矿山设备外的一切。岩石从亚纳修湖东南岸高出水面 400 米的节理密集石灰岩露头上崩落下来，约 10 万立方米的崩塌体沿着一个平均坡度为 40°的山麓堆积的斜坡向下滑落，溅落到湖首部位，以致此湖局部被填满。崩塌的能量把岩屑碎石抛到湖首附近的对岸。在这场灾难来临之前，当地目击者曾注意到岩崩的活动明显地增加，如果他们能掌握崩塌发生迹象，那么人员就能够及时撤离，减少生命财产损失。

3.1.2 日本崩塌灾害

2012 年 12 月，日本山梨县的中央高速公路笹子隧道内发生崩塌事故。从道路管制中心的监控视频发现，整个隧道的顶部发生崩塌，导致经过的 3 辆汽车被埋，可能有 7 人被困。进入崩塌隧道进行救险工作的消防员与警察从发生火灾的面包车里，发现了多具被烧焦的遇难者遗体。

▲ 道路管制中心监控视频捕捉到的画面

▲ 崩塌事故现场隧道内起火冒出浓烟

3.2 中国崩塌灾害分布规律

我国疆域辽阔，地形复杂，气候多样，地质环境条件独特，是崩塌灾害多发的国家之一。三大地势阶梯决定中国许多地区地形切割深、高差大，尤其是在各级阶梯结合部位的祁连山—六盘山—横断山一线以及大兴安岭—太行山—巫山—雪峰山一线附近的山区，为崩塌的发生提供了极为有利的重力条件。

地形地貌、地质、气候等条件大致决定了崩塌的分布格局。中国崩塌主要分布在第二地势阶梯及其附近地区，即横断山高山峡谷地区、青藏高原东缘、黄土高原、湘西地区、云南高原以及川东、鄂西的中山区，涉及云南、西藏、陕西、甘肃、重庆、贵州、湖北、湖南、江西、广西等省（自治区、直辖市）。

人类工程活动引起的崩塌，主要分布在24个省（自治区、直辖市），其中云南省、四川省和陕西省是工程活动引发崩塌发生频次最高的省份。总体来看，自然崩塌灾害发生的主要区域基本一致，均为西南、西北地区，自然崩塌灾害的发生完全受控于我国地质、地理格局所构成的成灾背景特征。而工程崩塌主要分布的地区，不仅有西北、西南等地质环境比较脆弱的地区，还有华中、华南等地质环境比较优良的地区，如湖北、广东、湖南、海南等省份。

截至2015年，全国地质灾害数据库共记录崩塌地质灾害及隐患点约120 000处，遍布全国（仅统计30个省份），数量上发育最多的为江西省、四川省、广西壮族自治区、广东省及山西省，5个省（自治区）崩塌发育总数量都超过6 000处，尤其以四川省和江西省最为严

▼ 中国2019年重大崩塌灾害——成昆铁路甘洛段山体崩塌

重，崩塌总数都在 10 000 处以上，5 个省（自治区）崩塌总数占全国总数的 41%。

 中国典型崩塌灾害案例

近几十年来，我国发生了多次大型崩塌灾害，造成多人伤亡，经济损失巨大。下面让我们来看一下近几十年来发生的典型崩塌灾害，以史为鉴，加强崩塌治理，防患于未然。

1. 贵州省纳雍县山体崩塌

2004 年 12 月 3 日，贵州省纳雍县中岭镇左家营村岩脚组发生大面积山体崩塌，19 户 88 人受灾，死亡 39 人，5 人下落不明。经国土资源部和贵州省有关专家现场踏勘测定与分析，认定这是一起因自然

▼ 贵州省纳雍县山体崩塌全貌

因素造成的特别重大地质灾害。在党中央、国务院的高度重视及国家有关部门的大力支持和指导下，在贵州省委、省政府的领导下，经过事发地各级党委、政府和省有关部门组成的抢险救灾现场指挥部连续7日的奋战，灾害及时得到了有效处置。

2. 山西省吕梁市中阳县黄土崩塌

2009年11月16日上午，山西省吕梁市中阳县张子山乡张家咀村茅火梁发生大型黄土崩塌，导致5户人家被掩埋、23人遇难。崩塌体宽80米，高约50米，平均厚度为10米。事件发生后，国土资源部立即派出专家组赶赴现场进行调查、指导。据了解，11月10日至12日，中阳县经历了较大的降水过程，强烈的降雨及后期融雪对坡体物质进行了浸润，降低了其稳定性，最终形成大型黄土崩塌。

▼ 山西省吕梁市中阳县黄土崩塌全貌

3. 云南省镇雄县中屯镇崩塌

2013 年 1 月 28 日，云南省镇雄县中屯镇头屯村水塘边村民组发生山体崩塌灾害。据初步估算，崩塌体长约 260 米，宽约 220 米，塌方量约 45 万立方米。灾害导致村民房屋开裂 928 间、倒塌 35 间。由于镇雄县科学预警、及时预警，第一时间把 4 个村民组 190 户 712 名村民安全转移，灾害没有造成人员伤亡。截至 2 月 4 日 9 时统计，镇雄县 1 000 余人受灾，近 2 100 人紧急转移安置或需紧急生活救助，35 间房屋倒塌，900 余间不同程度受损，直接经济损失近 1 400 万元。

4. 湖北省远安县盐池河磷矿崩塌

1980 年 6 月 3 日，湖北省远安县盐池河磷矿突然发生了一场巨大的岩石崩塌。山崩时，标高 839 米的鹰嘴崖部分山体从 700 米标高处俯冲到 500 米标高的谷地。在山谷中乱石块覆盖面积南北长 560 米，

▼ 云南省镇雄县中屯镇头屯村崩塌全貌

东西宽400米，石块加泥土厚度30米，崩塌堆积的体积共100万立方米。最大岩块有2 700多吨重。顷刻之间，盐池河上筑起一座高达38米的堤坝，构成了一座天然湖泊。乱石块把磷矿的5层大楼掀倒、掩埋。崩塌造成307人死亡，还毁坏了该矿的设备和财产，损失十分惨重。

▲ 湖北省远安县盐池河磷矿崩塌前全貌

▼ 湖北省远安县盐池河磷矿崩塌后缘壁

盐池河山体产生灾害性崩塌具有多方面的原因。除地质基础因素外，地下磷矿层的开采是上覆山体变形崩塌的最主要的人为因素。这是因为磷矿层赋存在崩塌山体下部，在谷坡底部出露。该矿采用房柱采矿法及全面空场采矿法，1979 年 7 月采用大规模爆破房间矿柱的放顶管理方法，加速了上覆山体及地表的变形过程。采空区上部地表和崩塌山体中先后出现地表裂缝 10 条。裂缝产生的部位都分布在采空区与非采空区对应的边界部位，说明地表裂缝的形成与地下采矿有着直接的关系。后来裂缝不断发展，在降雨激发之下，最终形成了严重的崩塌灾害。

5. 陕西省榆林市子洲县双湖峪镇双湖峪村黄土崩塌

2010 年 3 月 10 日，陕西省榆林市子洲县双湖峪镇双湖峪村石沟自然村发生黄土崩塌灾害，造成 18 户 27 人遇难，38 间房屋和 3 孔石窑被毁，27 间房屋和 5 孔石窑成为危房。灾害发生后，国土资源部派

▼ 陕西省榆林市双湖峪村崩塌全貌

出有关专家组成应急调查组、联合陕西省国土资源厅的专家，在现场进行了应急调查和指导抢险救灾等工作。

调查组认定，本次崩塌灾害是一起自然成因的整体性坐落式黄土崩塌地质灾害。引发此次灾害的原因主要有三方面：一是灾害点坡体结构疏松，在降水、重力等因素综合影响下，岩（土）体容易失稳崩塌；二是近期陕北地区气温变化较大，融雪渗水及冻融等导致冰雪融水沿黄土孔隙及落水洞下渗，增加土体体重，降低土体强度，软化土质结构，从而诱发了坡体崩塌；三是受灾村民的窑洞建于1999年，房屋建于2002年，受地形条件限制，建筑物前紧邻大理河，背靠百余米的高陡斜坡，没有足够有效的缓冲区，崩塌直接压覆冲击房屋。

崩塌危害

4.1 崩塌造成的危害

崩塌地质灾害遍布了中国30多个省份，分布极其广泛，对我们的生活、生产等方面的影响也十分巨大，可能会造成人员伤亡和严重的经济损失。

崩塌地质灾害主要表现在造成人类活动区域人身伤亡和财产损失，毁坏铁路、公路和航道等线路工程，破坏工程基础设施，损毁工厂、矿山等经济生产设施。

1. 造成人类活动区域人身伤亡和财产损失

崩塌对人类活动区域房屋、道路等建筑物带来威胁，酿成行车和居民安全事故。例如2010年3月10日，榆林市子洲县双湖峪镇双湖峪村发生黄土崩塌灾害，造成18户27人遇难，38间房屋和3孔石窑

▲ 陕西省榆林市双湖峪村居民点黄土崩塌损毁房屋

被毁，27 间房屋和 5 孔石窑成为危房。

2. 毁坏铁路、公路和航道等线路工程

崩塌地质灾害对线路工程的危害主要集中于我国西部地区，如宝成、宝兰、成昆、青藏、川藏、川黔、襄渝等铁路线。公路如川藏、川云、川陕和川甘等受崩塌灾害影响最为严重。江河航道受崩塌危害严重地区主要集中在金沙江中下游、长江三峡、雅砻江中下游和嘉陵江中下游等地。

▲ 崩塌损坏铁路、公路、桥梁示意图

2007 年 11 月 20 日，湖北省恩施土家族苗族自治州巴东县宜万铁路木龙河段高阳寨隧道进口处发生岩崩。崩塌体堆积物方量约 3 000 立方米，巨石将 318 国道掩埋约 50 米长的路段，造成隧道进口处铁架上施工的 4 名民工死亡，更为严重的是一辆从上海返回利川途经此处

满载乘客的客车也被崩塌体砸毁并掩埋。此次灾害共造成31人死亡，1人失踪，1人受伤。

3. 破坏工程基础设施

崩塌会破坏水库、水电站，淤堵河道等。例如金沙江中下游的乌东德几乎被滑坡、山崩和地质大断层包围。区内新构造活动比较强烈，

▲ 宜万铁路崩塌灾害示意图

▲ 宜万铁路崩塌全貌

皎平渡以下峡谷河段岸坡陡峻，受断层影响岩体比较破碎，崩塌现象比较普遍，历史上曾发生过垮山堵江三天三夜的情况。

▲崩塌毁坏水电站、淤堵河道示意图

▼德阳西北的一座山间水电站受崩塌灾害严重损坏

4. 损毁工厂、矿山等经济生产设施

崩塌毁坏的工厂、矿山，往往造成设备损毁，职工伤亡，导致工厂、矿山停工停产，造成重大损失。1980 年发生在湖北省盐池河磷矿的巨大岩崩，将磷矿 5 层大楼冲倒，死亡 307 人，设备财产损失严重，需重新建厂建楼和购买设备，造成基础建设投资成本增加。

▲ 崩塌损毁工厂、矿山示意图

▼ 湖北省远安县盐池河磷矿崩塌

4.2 崩塌地质灾害危害等级划分

崩塌地质灾害按照危害程度分为特大型、大型、中型、小型地质灾害险情和地质灾害灾情。

1. 特大型

受地质灾害威胁，需搬迁转移人数在 1 000 人（含）以上的或潜在经济损失 1 亿元（含）以上的地质灾害险情，为特大型地质灾害险情。

因灾死亡和失踪 30 人（含）以上或因灾造成直接经济损失 1 000 万元（含）以上的地质灾害灾情，为特大型地质灾害灾情。

2. 大型

受地质灾害威胁，需搬迁转移人数在 500 人（含）以上、1 000 人以下，或潜在经济损失 5 000 万元（含）以上、1 亿元以下的地质灾害险情，为大型地质灾害险情。

因灾死亡和失踪 10 人（含）以上、30 人以下，或因灾造成直接经济损失 500 万元（含）以上、1 000 万元以下的地质灾害灾情为大型地质灾害灾情。

3. 中型

受地质灾害威胁，需搬迁转移人数在 100 人（含）以上、500 人以下，或潜在经济损失 500 万元（含）以上、5 000 万元以下的地质灾害险情为中型地质灾害险情。

因灾死亡和失踪 3 人（含）以上、10 人以下，或因灾造成直接经济损失 100 万元（含）以上、500 万元以下的地质灾害灾情为中型地质灾害灾情。

4. 小型

受地质灾害威胁，需搬迁转移人数在 100 人以下，或潜在经济损失 500 万元以下的地质灾害险情为小型地质灾害险情。

因灾死亡和失踪 3 人以下，或因灾造成直接经济损失 100 万元以下的地质灾害灾情为小型地质灾害灾情。

崩塌地质灾害灾情和险情分级标准表

灾情分级	死亡和失踪人数（人）	直接经济损失（万元）	险情分级	受威胁人数（人）	潜在经济损失(万元)
特大型	≥30	≥1 000	特大型	≥1 000	≥10 000
大型	10～<30	500～<1 000	大型	500～<1 000	5 000～<10 000
中型	3～<10	100～<500	中型	100～<500	500～<5 000
小型	<3	<100	小型	<100	<500

5 崩塌识别与临灾避险

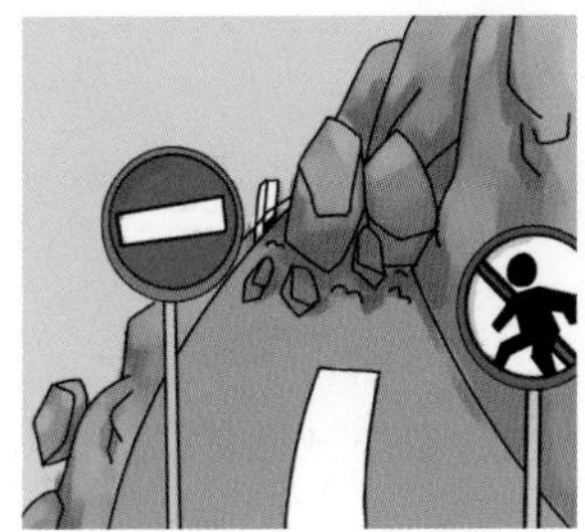

认识到崩塌地质灾害危害，为了减少崩塌带来的损失，我们必须学会如何识别崩塌，了解崩塌发生的前兆，做到快速的临灾避险。

5.1 崩塌识别

对于可能发生的崩塌的坡体，主要根据坡体的地形、地貌和地质结构的特征进行识别。通常可能发生的坡体在宏观上有如下特征。

▲ 易崩塌的坡体

特征一：坡体大于45°且高差较大，或坡体成孤立山嘴，或成凹形陡坡。

特征二：坡体前部存在临空空间或有崩塌物发育，这说明坡体曾发生过崩塌，今后还有再次发生崩塌的可能。

特征三：坡体内部裂缝发育。尤其垂直和平行斜坡延伸方向的陡裂隙发育或顺坡裂隙及软弱带发育，或坡体上部已有拉张裂缝发育，并且切割坡体的裂隙、裂缝即将贯通，使之与母体（山体）形成了分离之势，这种坡体较易发生崩塌。

特征四：温差大、降水多、风力强、吹蚀作用大、冻融作用及干湿变化强烈的地区往往易形成崩塌。

5.2 崩塌发生前兆

5.2.1 崩塌前的迹象

崩塌发生时，并不是没有任何迹象的，大自然会给我们一些重要的提示来提醒人们崩塌即将发生。

迹象一：陡山有掉块、小崩小塌不断发生。

▲ 小崩小塌不断发生

迹象二：陡山根部出现新的破裂痕迹，嗅到异常气味。

迹象三：不时听到岩石的撕裂摩擦破碎声。

迹象四：出现热气、氡气，地下水质、水量异常等现象。

迹象五：出现动物惊恐、植物枯萎等现象。

▲ 发现破裂、嗅到异常气味

▲ 出现热气、氨气或地下水等异常

▲ 听到岩石发出的撕裂摩擦破碎声

▲ 动物惊恐、植物枯萎

5.2.2　崩塌易发时间

一般情况下，在以下时间更容易发生崩塌。

时间一：降雨过程之中或稍滞后，这是发生崩塌最多的时间。

时间二：强烈地震或余震过程之中。

时间三：开挖坡脚过程之中或滞后一段时间。

时间四：水库蓄水初期及河流洪峰期。

时间五：强烈的机械振动及大爆破之后。

5.3 临灾避险

在学会如何识别崩塌之后，我们更要做到在崩塌发生前远离崩塌易发区，了解崩塌发生时如何避险，崩塌发生后如何应急救援，学会自救互救，减少崩塌造成的损失。

5.3.1 崩塌发生前

在了解了崩塌发生前的迹象和时间规律后，作为个人首先就要做到以下几个方面，分清“不要做”与“要做”。

一不要：大雨后、连续阴雨天不要在山谷陡崖下停留，且不要进行攀登危岩等活动。

▲ 大雨后、雨天远离山谷陡崖

二不要：不能心存侥幸，千万不能有“也许崩塌不会发生”的想法，保持高度警惕心理。要及时远离以及通知周围的居民、游客远离。

▲ 远离崩塌并通知他人

三不要：在发现崩塌先兆时，千万不要立即进行排土、清理水沟等作业，首先撤离人员，待灾情稳定以后再作处理。

▲ 灾害发生时严禁排土作业

四不要：大雨过后崩塌未发生，虽然天气转晴，但在5～7天内仍有可能发生崩塌灾害。因此人员撤出后不要天气一转晴就急着搬回去居住。

▲ 雨过天晴后，不要立即搬回居所

一要：要多注意房前屋后地面、边坡有无明显裂缝及变形迹象。

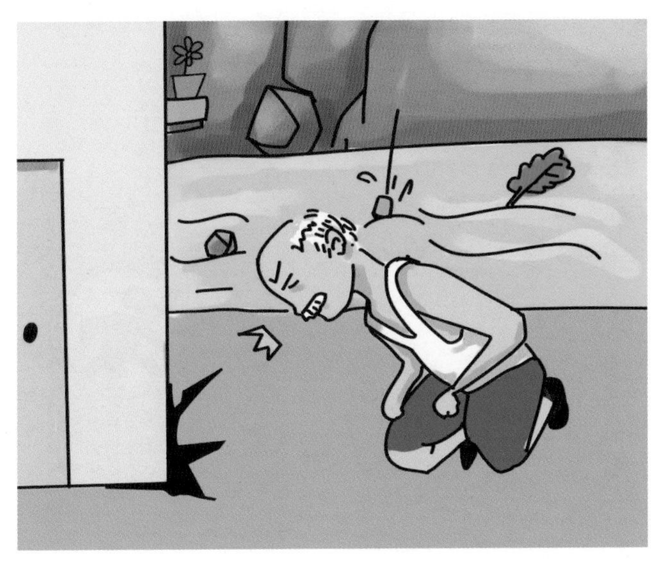

▲ 注意地面、边坡有无明显裂隙及变形迹象

二要：发现崩塌前兆，应立即向当地政府或有关部门报告，并通知受威胁群众。

▲ 发现崩塌前兆，立即报告有关部门，通知受威胁群众

三要：政府部门应设立警示标志，禁止行人及车辆进入危险区，监测技术人员应整理数据、分析资料，为发布灾害警报提供可靠依据。

▲ 设立警示标志

5.3.2 正确应对崩塌

措施一：当崩塌发生时，应该迅速向安全地带逃生。如果位于崩塌体的底部，应该迅速向崩塌体两侧逃生；如果位于崩塌体顶部，应该迅速向崩塌体后方或两侧逃生。

▲ 向崩塌两侧逃生

措施二：不管是个人还是相关灾情监测人员，在发现崩塌后，立即派人将灾情报告政府和有关部门。

▲ 立即报告政府和有关部门

措施三：组织危险区群众迅速撤离，限制车辆和行人通行，以免再次发生崩塌或其他次生灾害造成人员伤亡。

我们个人在行车时如果遇到崩塌，不要惊慌，应保持冷静，注意观察险情，如前方发生崩塌，应该在安全地带停车等待；如果身处斜坡或陡崖等危险地带，应迅速离开。因崩塌造成交通堵塞时，应听从指挥，及时疏散。

▲ 组织群众撤离，限制车辆和行人通行

措施四：在保证安全的前提下，迅速组织村民查看灾区是否还有崩塌发生的危险。

▲ 对灾区进行勘察

措施五：查看天气，收听广播，收看电视，关注是否还有暴雨及其他可能引发崩塌的天气。

▲ 关注天气情况

措施六：在确保安全和条件允许的情况下，有组织地搜救附近受伤和被困的人员，积极开展抢险救灾工作。

▲ 抢险救灾

6 崩塌防治措施

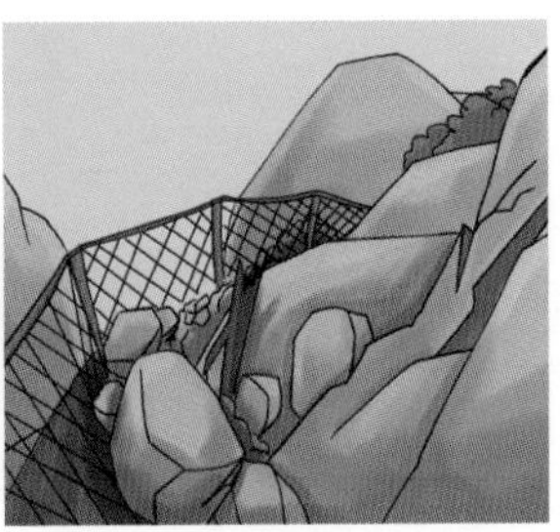

崩塌作为一种对人类生活危害巨大的地质灾害，仅仅做到识别和临灾避险是远远不够的，对崩塌应做到“以预防为主，防治结合”，这样才能防患于未然，最大限度地避免或减小崩塌带来的人员伤亡和财产损失。人们常常可以做到崩塌的监测和预警、预防治理。

6.1 崩塌的监测和预警

崩塌监测以裂缝监测和雨量监测为主。一般情况下，应把变形显著的裂缝作为监测对象。可以在裂缝两侧设置固定标杆，在裂缝壁上安装标尺或裂缝伸缩仪，定期观测，做好记录。同时，应观测雨量，特别是雨季时应每天甚至是每小时记录降雨量和观察裂缝，分析裂缝变化与雨量的关系，掌握崩塌的发展趋势，为防灾减灾提供依据。

▲ 在裂缝两侧设立标杆

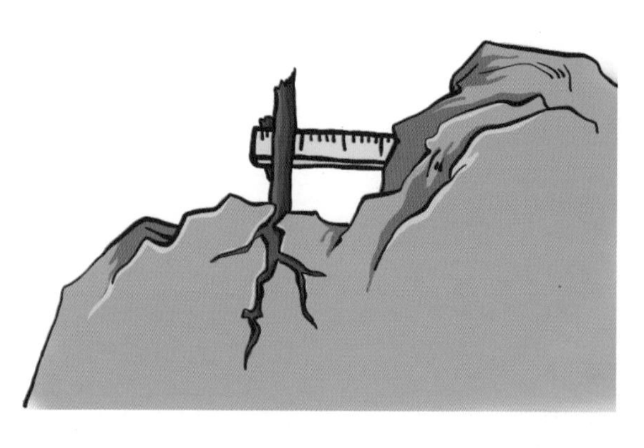

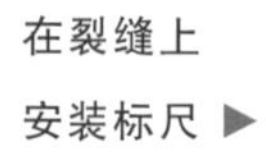

在裂缝上安装标尺 ▶

6.2 崩塌预防治理

崩塌的治理应以根治为原则，当不能清除或根治时，可采取下列综合措施。

遮挡：可修筑明洞、棚洞等遮挡建筑物使道路通过。

▲ 半填半挖路基的悬臂式棚洞

▲ 半路堑棚洞

拦截防御：当线路工程或建筑物与坡脚有足够距离时，可在坡脚或半坡设置落石平台、落石网、落石槽、拦石堤或挡石墙、拦石网。

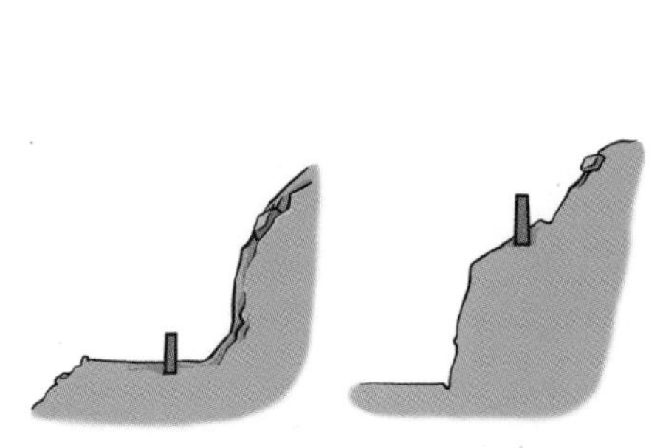

▲落石平台与挡石墙 ▲ 落石槽与挡石墙

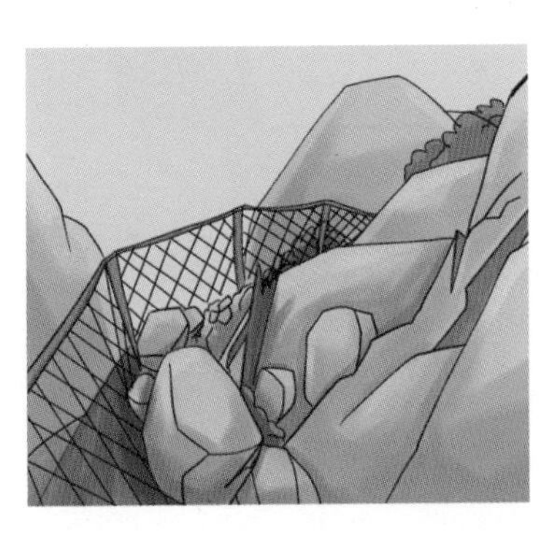

▲ 拦石网

支撑加固：在危石的下部修筑支柱、支护墙。亦可将易崩塌体用锚索、锚杆与斜坡稳定部分联固。

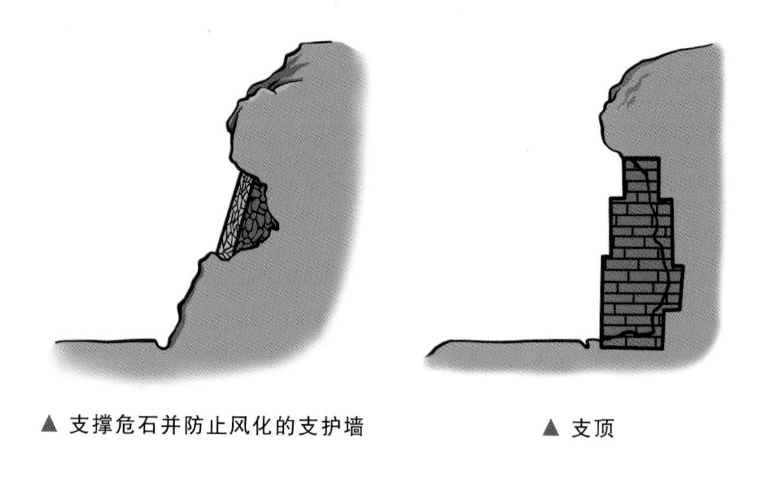

▲ 支撑危石并防止风化的支护墙　　▲ 支顶

镶补沟缝：对岩体中的空洞、裂缝用片石填补，混凝土灌注。

护面：对易风化的软弱岩层，可用沥青、砂浆或浆砌片石护面。

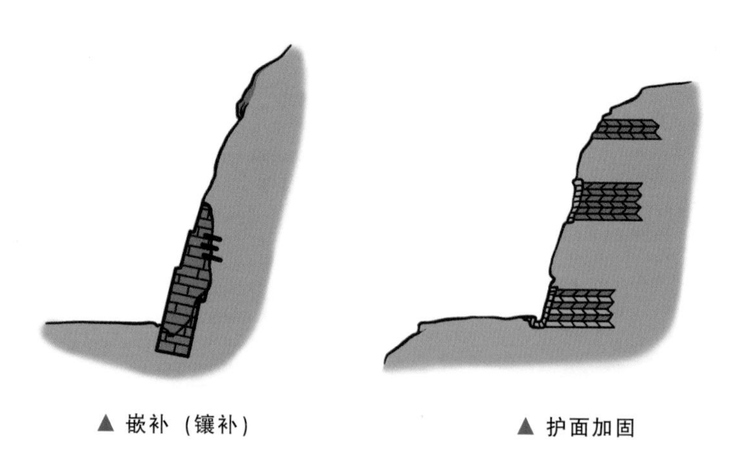

▲ 嵌补（镶补）　　▲ 护面加固

排水：设排水工程以拦截疏导斜坡地表水和地下水。

削坡：在危石突出的山嘴及岩层表面风化破碎不稳定的山坡地段进行危石卸载，使山坡坡度变缓。

▲ 削坡卸载

▲ 排水

6.3 崩塌防患治理实例

1. 实例一：陕西省白河县高级中学崩塌治理

灾害情况：陕西省白河县高级中学崩塌位于中学宿舍楼东侧，属省级在册地质点。该崩滑体宽 270 米，高 80 米，松散层厚 10～50 米，坡体前缘距后缘 180 米，总方量约 40 万立方米，变形十分严重。崩滑体处于临崩状态，随时都有可能发生崩塌，严重威胁中学办公楼、宿舍楼及全校 5 000 多名师生以及学校下方群众的生命和财产安全，直接经济损失可达 4 亿元。如不及时治理，一旦失稳将造成巨大损失。

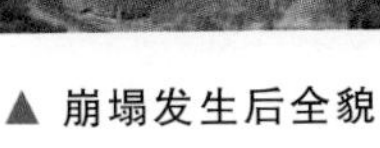

▲ 崩塌发生后全貌

▲ 崩塌威胁下方学校安全

险情发生后，县委、县政府高度重视，及时启动地质灾害应急预案，同时组织国土资源局等有关部门积极向上级申报争取专项地质灾害治理工程项目。

灾害治理：2014年9月白河县国土资源局就县高级中学崩塌治理工程项目专门到陕西省国土资源厅进行了陈述，2015年4月13日，陕西省国土资源厅对白河县高级中学崩塌治理工程进行了立项，并下拨项目治理资金800万元。2016年2月15日，签订《建设工程施工合同》；2016年9月15日，该崩塌治理项目全部完工。

▲ 相关部门专家实地查看现场指导治理

在施工过程中，省、市、县各级领导高度重视，县上领导多次召开县长办公会，专题研究工程治理工作，同时还多次邀请省、市地质专家深入施工现场进行检查指

▲ 崩塌清理施工现场

▲ 崩塌加固施工现场

▲ 崩塌治理后全貌

导，确保了治理工程顺利实施，保证了工程质量。通过项目的实施，消除了对白河县高级中学师生及教学楼、宿办楼的安全威胁，美化了校园环境。

2. 实例二：陕西省绥德县吉镇崩塌治理

灾害情况：绥德县吉镇阳坬崩塌（隐患）位于陕西省榆林市绥德县吉镇，地理坐标为东经 110°28′36″，北纬 37°43′38″，地貌单元为黄土梁峁区。该崩塌边坡南北宽约 180 米，坡度 40°～80°，相对高差约 40 米，坡向 120°，可能产生较大规模崩塌段长约 150 米，预估最大崩塌体积约 5.05 万立方米，为中型崩滑体。

该段边坡前缘曾发生过多次小型崩塌，20 世纪 60 年代降雨量高峰期曾在北部发生过较大规模的倾倒式崩塌，崩塌宽度约 26 米，估计崩塌体积 3 600 立方米，未造成人员伤亡。2013 年 7 月以来，连续降雨周期长，频率高，在该段坡体中部和南端发生过 2 处小型黄土崩塌，其方量 8～30 立方米。坡体上部出现 3～5 条北东–南西走向的平行裂缝，缝宽 3～10 毫米不等，可见段长 12 米左右。

随着近年来异常天气频繁出现，陕北地区暴雨、连阴雨天气呈增多趋势，降雨可能诱发处于欠稳定状态边坡失稳，出现崩塌或滑坡。一旦失稳将威胁坡体下部 1 所小学（吉镇小学）及 300 名师生，80 位居民以及 112 间房屋（含窑洞）。其直接经济损失 500 万元以上，间接经济损失 1 000 万元以上。对该灾害点边坡进行治理是十分必要的。

灾害治理：绥德县吉镇阳坬黄土崩塌隐患治理工程的治理方案主要包括削坡工程、地表截排水沟工程和植物防护工程等。整个治理工程于 2015 年 10 月 20 日完成。2015 年 12 月 19 日，国土资源局组织县 8 个部门以及设计单位、监理单位和施工单位共同进行了工程初验，未发现影响安全的质量问题，施工技术资料齐全，符合设计要求，初验施工质量合格。

▼ 崩塌后边坡全景照

施工前边坡局部近照

▲ 第一平台削坡施工照

▲ 第二平台削坡施工照

▲ 第一平台排水沟施工照

▲ 平台排水沟检查验收

▲ 边沟及附属工程

▲ 吉镇地灾施工竣工后全景照

6.4 崩塌灾害成功预报案例

1. 陕西省白河县城关镇国道316线K1717+400米处崩塌成功预报

2015年12月18日，安康市白河县城关镇河街社区居民在例行巡查时发现国道316线K1717+400米处路堑边坡有石头滑落，可能伴随大面积岩体崩塌，便向河街社区干部报告。社区干部进行详细查看后，发现山上的岩体有松动迹象，发生岩体崩塌的可能性较大，便立即向城关镇政府汇报，城关镇政府立即向县政府、县国土资源局及公路段报告，并同时启动预警机制，开始组织群众撤离，对316国道实行交通管制。截至18时30分，危岩体附近房屋内47人全部撤出。19时左右，此处发生崩塌，崩塌体积约100立方米，造成316国道及光缆中断、输电线路损坏、部分居民房屋受损。因撤离及时，17户47名群众的生命安全得到了保障，避免经济损失85万元，现场无人员伤亡。

▲ 崩塌后照片

▲ 实行交通管制

▼ 拉警戒线

2. 北京房山崩塌地质灾害成功预报

2018 年 8 月 11 日，北京市房山区大安山乡军红路 K18+350 米处山体发生地质崩塌灾害，崩塌量约 3 万立方米。

在崩塌发生的前 10 分钟，北京市交通委员会路政局房山公路分局巡视人员及地质灾害群测群防员就已发现有落石现象。通过观察他们认为此处山体已经失稳，有发生大面积山体崩塌的可能，便立即拦截了当时在该路段的 15 辆车、28 人，在路上采取了拦挡行人和车辆、告知前方危险不能通行的措施，同时打电话报告给村支部书记。村支部书记第一时间将有关情况汇报给乡政府主管负责人。

10 分钟后，大面积山体发生崩塌，道路立刻被岩土掩埋。由于之前及时阻拦了行人和车辆，因此未造成人员伤亡及车辆损失。

▼ 房山崩塌全貌

▲ 崩塌现场

▲ 及时阻拦行人及车辆

3. 湖北省利川市崩塌地质灾害成功预报

2017 年 11 月 18 日，湖北省利川市建南镇联合村 4 组发生了崩塌灾害，崩塌体积约 1 万立方米。由于预报准确、处置果断，该危岩崩塌边坡下未搬迁的 9 户 25 人及时进行了安全撤离，未造成人员伤亡和重大财产损失，保障了人民群众生命财产安全。

▼ 崩塌现场

据监测人员介绍，三四天前，他们在巡查时就发现山体土层松动，树木倾斜，一条条小裂缝贯穿整个山体，时不时有小石块往下掉。从11月17日开始，镇政府和国土资源所就已经在现场拉起警戒线，配备值班人员24小时蹲守，并把山下群众转移疏散到附近亲戚家。

11月18日下午，发现该危岩崩塌边坡上危岩裂缝变形量急剧加大，缝隙变大，树枝倾斜，有崩塌反应。国土资源所工作人员立即赶赴现场对该监测点进行了现场查看，确认该隐患点危岩体裂缝变形加剧，发生崩塌的可能性极大。建南国土资源所第一时间报告市国土资源局和建南镇政府，镇政府及时启动预案，立即召开会议，组织专班对危岩下方人员是否撤离进行了再一次确认。19时20分最后一位村民从危岩体下方安全撤离，19时40分山体崩塌，仅仅20分钟，村民与死神擦肩而过。

▲ 垮塌房屋

结束语

崩塌在我国是发生频率高、危害大的地质灾害之一，严重威胁着人民群众的生命财产安全。近年来，极端降水天气频繁出现，给崩塌地质灾害的发生提供了自然条件。而且随着我国社会经济的快速发展，人类工程活动严重影响着我国的地质环境。例如，老百姓削坡建房、修路、造田，兴建水库、电站、引水渠等，都会造成边坡的失稳，改变原有的地质环境，为崩塌等地质灾害的发生埋下了隐患。

▲ 5.12 汶川大地震后引起大面积崩塌滑坡破坏植破

党的十九大报告提出要加强地质灾害防治。习近平总书记先后在中央政治局第 23 次集体学习、河北省唐山市调研考察、中央全面深化改革领导小组第 28 次会议中就做好防灾、减灾、救灾工作发表了一系列重要讲话。习近平总书记关于防灾、减灾、救灾工作的系列重要讲话，是在科学分析我国灾害形势的基础上，对防灾、减灾、救灾工作提出的新思想、新论断、新要求，是今后一个时期我国防灾、减灾、救灾工作的根本遵循，为推进防灾、减灾、救灾事业改革发展指明了方向。坚持以防为主、防抗救相结合，坚持常态减灾和非常态救灾相统一，努力实现从注重灾后救助向注重灾前预防转变，从应对单一灾种向综合减灾转变，从减少灾害损失向减轻灾害风险转变，全面提升全社会抵御自然灾害的综合防范能力。

近年来，我国地质灾害防治形势严峻，工作任重而道远。我国政府非常重视地质灾害的治理与预防，注意保护地质环境，注重保护人类赖以生存的家园。但仅仅依靠国家政府单方面的重视是不够的，还需要全国人民都本着“以人为本”的原则，强化地质灾害防治意识，提高地质灾害自救互救能力。本书讲述了崩塌地质灾害的基本概念、成因机制、分布特征、主要危害、识别防治、临灾避险等内容，通过通俗的语言和丰富的漫画、实例图片，对崩塌地质灾害进行科普教育。

希望这本崩塌科普读物，不仅能提高读者的科学素养，更能让人们深刻了解崩塌地质灾害的基本知识和避灾常识，学会防灾减灾，学会自救互救，最大限度地确保人民生命财产安全，确保社会和谐安定。

▲ 地质灾害隐患点治理后全貌

科普小知识

地质灾害预报

概念

地质灾害预报是对未来地质灾害可能发生的时间、区域、危害程度等信息的表述，是对可能发生的地质灾害进行预测，并按规定向有关部门报告或向社会公布的工作。地质灾害预报一定要有充分的科学依据，力求准确可靠。加强地质灾害预报管理，应按照有关规定，由政府部门按一定程序发布，防止谣传、误传，避免人们心理恐慌和社会混乱。

地质灾害气象风险预警

地质灾害气象风险预警等级划分为四级，依次用红色、橙色、黄色、蓝色表示地质灾害发生的可能性很大、可能性大、可能性较大、可能性较小，其中红色、橙色、黄色为警报级，蓝色为非警报级。

红色：预计发生地质灾害的风险很高，范围和规模很大

橙色：预计发生地质灾害的风险高，范围和规模大

黄色：预计发生地质灾害的风险较高，范围和规模较大

蓝色：预计发生地质灾害的风险一般，范围和规模小

预报方式及内容

地质灾害预报以短期预报或临灾预报以及灾害活动过程中的跟踪预报为主，预报由专业监测机构、研究机构和灾害管理机构及有关专业技术人员会商后提出，由人民政府或自然资源行政主管部门按《地质灾害防治条例》的有关规定发布。

地质灾害预报的中心内容是可能发生的地质灾害的种类、时间、地点、规模（或强度）、可能的危害范围与破坏损失程度等。地质灾害预报分为长期预报（5 年以上）、中期预报（几个月到 5 年内）、短期预报（几天到几个月）、临灾预报（几天之内）。

长期预报和重要灾害点的中期预报由省、自治区、直辖市人民政府自然资源行政主管部门提出，报省、自治区、直辖市人民政府发布。短期预报和一般灾害点的中期预报由县级以上人民政府自然资源行政主管部门提出，报同级人民政府发布。临灾预报由县级以上地方人民政府自然资源行政主管部门提出，报同级人民政府发布。群众监测点的地质灾害预报，由县级人民政府自然资源行政主管部门或其委托的组织发布。地质灾害预报是组织防灾、抗灾、救灾的直接依据，因此要保障地质灾害预报的科学性和严肃性。

地质灾害警示标识

在地质灾害易发区或灾害体附近，一般会设立醒目标识，提醒来往行人或车辆注意安全或标识逃生路线、避难场所等。不同地区标识外观不尽相同，但其目的都是为了防范地质灾害，达到安全生活、生产的目的。下面列举了我国部分地区的地质灾害警示标志、临灾避险场所标志，以及常见的几类地质灾害警示信息牌。

▲ 地质灾害警示标志

地质灾害区

危险勿近

负责人：×××

市报灾电话：×××

灾害点编号：××× 监测人：×××

监管单位：自然资源局 电话：×××

自然资源局 印制

▲ 地质灾害区危险警示牌

▲ 地质灾害少数民族地区灾情介绍标牌（引自治多县人民政府网站）

地质灾害群测群防警示牌

灾害名称：桐花村后滑坡　　规模：小型
位置：临城县赵庄乡桐花村村南50米路北
威胁对象：8户30人40间房屋
避险地点：村北小学
避险路线：向滑坡两侧撤离
预警信号：鸣锣、口头通知
监测人：×××　**联系电话：**×××××
村责任人：×××　**联系电话：**×××××
乡责任人：×××　**联系电话：**×××××
县责任人：×××　**联系电话：**×××××

×××**人民政府**

▲ 地质灾害群测群防警示牌

地质灾害警示牌

灾害点名称：五德镇杉木岭庙咀滑坡

灾害点位置：五德镇杉木岭村庙咀组

灾害类型：滑坡

规　　模：60mX70m/0.5×10⁴m³

威胁对象：村民7户 36人

防灾责任人：xxxx　联系电话：xxxxxxxxx

巡查责任人：xxxx　联系电话：xxxxxxxx

监测记录人：xxxx　联系电话：xxxxxxx

预警信号：敲锣

应急电话：xxxxxxx（镇值班电话：xxxxxxx）

禁止事项：禁止任何单位或个人在滑坡体上开山、采石、爆破、削土、进行工程建设及从事其他可能引发地质灾害的活动。

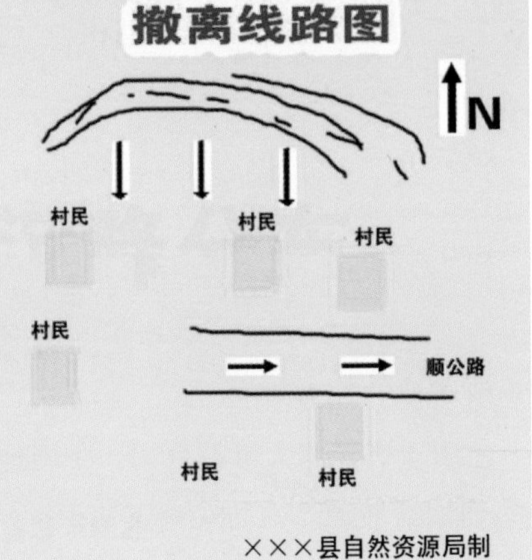

×××县自然资源局制

▲ 地质灾害警示牌

主要参考文献

《工程地质手册》编委会.工程地质手册[M]. 5版.北京:中国建筑工业出版社，2017.

国土资源部人事教育司，中国地质环境监测院，中国地质环境监测院.崩塌滑坡泥石流防灾减灾知识读本[M]. 北京：地质出版社，2010.

黄润秋，许强.中国典型灾难性滑坡[M]. 北京：科学出版社，2008.

刘传正，刘艳辉，温铭生，等.中国地质灾害区域预警方法及应用[M]. 北京：地质出版社，2009.

彭建兵，范文，夏慧民，等.工程场地稳定性系统研究[M]. 西安：西安地图出版社，1997.

彭建兵，王启耀，门玉明，等.黄土高原滑坡灾害[M]. 北京：科学出版社，2019.

谢宇.滑坡和崩塌防范百科[M]. 西安：西安电子科技大学出版社，2013.

许强，黄润秋，汤明高，等.山区河道型水库塌岸研究[M]. 北京：科学出版社，2009.

殷坤龙.滑坡灾害预测预报[M]. 武汉:中国地质大学出版社，2004.

张春山，杨为民，吴树仁.山崩地裂：认识滑坡、崩塌与泥石流[M]. 北京：科学普及出版社，2012.

张茂省，校培喜，魏兴丽，等.延安宝塔区滑坡崩塌地质灾害

[M]. 北京：地质出版社，2008.

中国地质环境监测院.地质灾害科普知识手册[M]. 北京：中国时代经济出版社，2007.

中国地质环境监测院.防灾自救重建家园: 地震次生地质灾害科普知识[M]. 北京：地质出版社，2008.

朱耀琪.中国地质灾害与防治[M]. 北京:地质出版社，2017.